Jean-Henri Fabre

法布尔昆虫记

装死专家步甲
与殡葬师覆葬甲

〔韩〕曹京淑◎编著　　〔韩〕金成荣◎绘　　李明淑◎译

北京科学技术出版社
100 层童书馆

序

　　法布尔是一位杰出的昆虫学家，也是一位优秀的文学家。19世纪末至20世纪初，法布尔捧出了一部《昆虫记》，世界响起了一片赞叹之声，这片赞叹声一响就是100多年，直到今天！

　　《昆虫记》语言朴素却不失优美，法布尔把一部严肃的学术著作写成了优美的散文，人们不仅能从中获得知识，更能获得一种美的享受，并由衷地对大自然产生深深的爱！

　　作为一位昆虫学家，一位用心去观察、用爱去感受的昆虫学家，法布尔的科学研究是充满诗意的。他不把昆虫开膛破肚，而是充满爱心地在田野里观察它们，跟它们亲密无间。他用诗人的语言描绘这些鲜活的生命，昆虫在他的笔下是生动、美丽、聪慧、勇敢的，他说他在"探究生命"，目的是"让人们喜欢它们"。他的心如同孩童般纯真，他的文字也充满想象力和感染力。他要让厌恶昆虫的人知道，这些微不足道的小虫子有许多神奇的本领，它们勇于接受大自然的考验，努力在这个世界上争得生存的空间。

　　北京科学技术出版社出版的这套改编的儿童版"法布尔昆虫记"换了一种方式来呈现这部科学经典。这套书用简洁的语言、精美的彩图、生动的故事情节描绘法布尔原著中具有代表性的昆虫，讲述它们的故事，展现它们的个性，处处流露出作者对它们的喜爱。我向小朋友们推荐这套彩图版"法布尔昆虫记"，是因为它语言非常优美，且所描绘的昆虫形象栩栩如生，小朋友们可以透过文字了解它们的喜怒哀乐。故事兼具科学性和趣味性，能够激发小朋友们的阅读兴趣和对大自然的好奇心，培养他们尊重生命、亲近自然、热爱科学的精神！

　　最后，希望北京科学技术出版社出版更多、更好的儿童科普书，同时也祝愿我国的儿童科普事业蓬勃发展！

中国科学院院士

张广学

步甲和覆葬甲

你知道世界上"打架"最厉害的昆虫是什么吗？答案就是：步甲。有着硕大身体和超大力气的步甲天生就是打架高手。

步甲是典型的肉食性昆虫，它们不但攻击别的昆虫，有时还攻击蚯蚓和蜗牛。粗暴强悍的步甲有一个不为人知的秘密，让我们跟随法布尔一起去了解一下吧！

还有一些昆虫，它们被称为昆虫界的"殡葬师"。走在乡间的小路上，我们经常能看到死掉的小鸟或者老鼠等，很多人会吓得赶紧走开，但是，有些昆虫却会兴高采烈地蜂拥而来。不过，你可不能因为这样就认为它们很肮脏。正是因为有了它们，这世界才会这么干净，否则我们的周围会布满小动物的尸体。在这些"殡葬师"当中，最厉害的还数覆葬甲。

现在，我们就一起去看一看覆葬甲是如何处理动物尸体的吧！不过，你得先捏住鼻子才行，因为动物尸体的腐臭味实在太难闻了！

目录

装死专家——步甲

有些昆虫在受到攻击时，

会把腿缩起，使肚子朝天，

身体也会变僵硬，

然后一动不动，

让敌人以为它们死了。

但是，等敌人走远或趁敌人不备，

它们会突然翻身，一溜烟地跑掉，

这种行为就叫作"装死"。

法布尔决定研究昆虫的装死行为，

看看究竟哪些昆虫会装死、

为什么要装死，

以及昆虫是否了解死亡的含义等。

法布尔回忆起自己年轻时在海边看到的一种甲虫。

这种天不怕、地不怕的甲虫名叫步甲，

号称"打架高手"。

它们曾经在法布尔面前表演装死。

法布尔捕捉了 12 只步甲，

着手研究它们的习性。

为了给步甲一定的刺激，

法布尔将它们捏在手里，

然后松手让它们摔落到桌子上。

虽然他知道不该这么做，

但是，只有这样他才能研究清楚步甲的装死行为。

法布尔最终借助这种研究方法

揭开了步甲、蝎子以及一些鸟类装死行为的真相。

"谁敢和我比试？"

夕阳西下的海边，热闹的沙滩渐渐安静下来。
突然，远处的海草堆晃动起来，
不一会儿，从海草堆下爬出一只大头黑步甲。
他是远近闻名的打架高手，
昆虫们都称他"将军"。

"嗯，睡了一大觉，感觉肚子有点儿饿了。
可是，怎么连个昆虫的影子都没有？"
将军的家在沙滩底下，距离地面约 30 厘米，
是一个又窄又深的石洞。
一旦有不长眼的昆虫出现在附近，
将军就会把他们拖进自己的洞穴，
美美地饱餐一顿。

"不管是谁，只要他出现，
我非吃掉他不可！"
将军躲在海草里等了很久，
却不见任何昆虫靠近他的家。
心急的他干脆从海草下爬了出来，
打算出去捕猎。
在昏暗的白沙滩上，
将军的身影格外醒目。
他体形比较大，
体长约 35 毫米，
可以说是昆虫中的"小巨人"。
那身又黑又亮的盔甲，
使他看起来更加强壮、威武。
如果走近仔细看，
就会发现他还有更可怕的"杀手装备"。

光是那对无坚不摧的大颚和锯齿状的前足，

就已经让别的昆虫感到毛骨悚然；

再加上可以自由扭转的细腰，

不管猎物出现在哪个方向，

他都可以迅速捕捉到！

猎物一旦不小心被将军盯上，

就只有死路一条。

将军性格非常残暴，力气也特别大，
在这片海滩上，没有一只昆虫能打得过他。
当然，也没有谁敢主动靠近他一步，
他简直就是为了打架而来到这个世界上的。
在海边一边爬行一边寻找食物的将军
想起了自己的爸爸。
当年将军的爸爸就像现在的将军一样，
是这片海滩有名的打架高手，
他常常给将军讲述家族的历史。

儿子啊，你要听好，
这个世界上有很多种昆虫，
据说已知的有100多万种。
其中最大的昆虫家族
就是我们甲虫家族！

儿子啊，你要记住
甲虫家族里有很多种甲虫，
据说约有35万种。
其中最勇敢的
就是我们黑步甲！

儿子啊，你要引以为傲，
从你爷爷的爷爷开始，
强悍的我们
就是这片海滩的霸王！

想起爸爸的话，

将军忍不住得意起来。

这时，从岩石后面冒出一个家伙，

"咦，这不是四斑偏须步甲吗？"

听到将军的声音，

四斑偏须步甲吓得浑身发抖，知道自己绝对逃不掉了。

将军慢慢走到四斑偏须步甲的身边，说：

"你看起来又嫩又好吃呀！

只要一口咬下去，哼哼……"

饥饿的将军流着口水，贪婪地盯着猎物。

四斑偏须步甲不但肉质鲜美，而且性格非常温顺，

可以轻松捕捉到手。

将军一步步逼近四斑偏须步甲，

四斑偏须步甲连连乞求：

"请您再好好考虑一下吧，

我们可是同一个家族的亲戚呀！

拜托，今天您就放我一马吧，

从今以后我绝对不会再出现在您面前。

求您了……"

将军不屑一顾地摇了摇头。

"你说什么？

你这样的胆小鬼怎么会和我是亲戚？"

四斑偏须步甲恭敬地回答道：

"您是黑步甲，

我的名称也有'步甲'两个字，

所以，我们同属于步甲科，

在甲虫家族里，我们有很近的亲缘关系。"

但是，四斑偏须步甲的这番话

反而激怒了将军！

将军一直很讨厌名称中的"黑"字，

因为黑步甲身体黝黑，

喜欢在海草堆或垃圾堆底下盖房子，

人类便给他们取名"黑步甲"。

可是，将军认为这个名称根本配不上他们，

他们可是既帅气又勇敢的甲虫。

再加上"步甲"听起来像是一种
只会一步一步慢慢爬的甲虫，
很容易使人觉得他们是非常软弱的昆虫，
所以，将军每次听到这样的称呼都气得火冒三丈。
"你给我闭嘴！"
将军朝四斑偏须步甲大声喊道。
然后，他张开锯齿状的大颚，
高高抬起头，
扭动着黑亮的身体，准备展开攻击。
四斑偏须步甲吓得都快昏过去了。
"完了，我死定了……"
正在这时，
四斑偏须步甲发现了躲在岩石后面的
一只年纪很大的蛞蝓，
那只蛞蝓也被眼前的情景吓得瑟瑟发抖。

四斑偏须步甲赶紧大声喊道：

"那里有只蛞蝓！"

虽然这样做很对不起那只蛞蝓，

但是，为求自保他也顾不了那么多了。

蛞蝓是将军非常喜欢吃的食物，

尤其是老蛞蝓，特别筋道。

将军一听到"蛞蝓"两个字，

眼睛马上就亮了。

他立刻转移攻击目标，扑向蛞蝓。

结果蛞蝓送掉了性命，

四斑偏须步甲则趁机逃之天天。

一顿美餐之后，

将军得意扬扬地大喊道：

"还有谁想和我比试？有种的就站出来！"

在这片海滩上，

确实没有哪种昆虫敢和既残忍又强悍的将军较量，

所以，大家都躲着将军，

唯恐被他发现，成为他的猎物。

这天，将军起了个大早，

打算出门散步。

许久没有晒过太阳的将军

觉得阳光很刺眼，

再加上无事可做，他有点儿心烦，

就随便找了只昆虫来戏弄。

可是没想到，将军突然被一只小鸟给咬住了。

其实，鸟类并不喜欢步甲，

因为步甲有硬壳，而且味道苦涩，

这只鸟大概不了解步甲的特点。

要不然就是他也像将军一样，

因为无聊而随便找只昆虫来解闷儿。

"快点儿放开我！"

将军一边大叫，一边扭动自己的细腰，

努力从鸟嘴里挣脱了出来。

只是，将军落地时，

不巧撞到了石头上，当即晕了过去。

过了好一会儿，将军才清醒过来，

他晃了晃脑袋：

"好奇怪呀！到底发生了什么事？"

天大的冤情

从那件事以后，

将军一直对自己的暂时性失忆感到疑惑，

他越想越觉得奇怪，

于是决定给住在海滩附近的昆虫们都写封信。

我是住在海边的、勇敢的将军。

前几天，我被一只鸟咬住了，

幸好后来又从鸟嘴里挣脱了出来。

也就在那天，我经历了一件非常奇怪的事，

我想请大家来我家讨论一下这件事。

请你们收到我的信后，

立刻到我家附近的岩石前集合。

我保证绝不伤害前来讨论的伙伴。

但是，有谁敢不来的话，

我发誓一定会好好收拾那家伙！

从来没写过信的将军，

花了很长时间才写完这些信。

将军找来上回那只侥幸逃脱的

四斑偏须步甲为他送信。

原本以为这次一定跑不掉的四斑偏须步甲

听说将军只是派他送信，

长长地舒了一口气。

四斑偏须步甲用了不到一天的工夫，

就将信全都送出去了。

收到信的昆虫们

全都飞快地跑到将军家附近的岩石前集合，

唯恐丢掉自己的性命。

第一只跑过来的昆虫是光滑蝼步甲，

他长得和将军很像，

只是体形比将军小了很多，

但他动作非常敏捷。

他一看到将军，就吓得浑身发抖。

其实，光滑蝼步甲非常担心，

万一将军不履行承诺，

将自己吃掉怎么办呢？

"您好，刚刚收到您的信，我就……"

"你先等一下，等其他昆虫都到了再说！

我还要想一些事情，你最好别吵我！"

将军不耐烦地打断了光滑蝼步甲。

光滑蝼步甲吓得再也不敢吭声，

他乖乖地蜷缩在一旁，暗自观察将军的脸色。

不久后，吉丁虫、螳螂、叶甲

和一只老年大头黑步甲陆续来到岩石前。

接着，一些体形比较小的昆虫也赶到了，

有黑毛皮蠹、蝉虫、覆葬甲、象鼻虫、

七星瓢虫和小绿花金龟等。

因为害怕凶残的将军，

他们大都结伴而来。

等大家到齐后，

将军慢慢走到前面开始讲话。

"正如我在信里所说，

我经历了一件很奇怪的事。

我只记得从鸟嘴里挣脱出来时，

我撞到了石头上，

之后的事就都不记得了。

大概过了一个多小时，

我完全苏醒了，

但始终有种奇怪的感觉。

你们有谁知道原因？跟我说一说！"

"嗯，这就是人类所说的'装死'。"

老年大头黑步甲说。

他话音刚落，

大家便开始争先恐后地发表意见。

"对！对！我也听说过！"

"我也是！"

"我也听说过！"

现场顿时变得一片混乱。

老年大头黑步甲在一旁默默地看着大家，

只见将军恶狠狠地瞪了大家一眼。

在将军的威慑下，昆虫们一个个安静了下来。

老年大头黑步甲接着说：

"在一些特定情况下，

我们的身体会突然变得僵硬、无法动弹，

这种行为就叫作'装死'，

这种情况通常会持续 20 分钟左右，

有时甚至会持续一小时。"

这时，吉丁虫忍不住插嘴道：

"人类认为我们是为了躲避危险、欺骗敌人，

才故意这么做的！"

"什么？故意！"

将军气得大叫起来。

吉丁虫战战兢兢地说：

"人类认为，当我们'装死'时，

鸟类或者其他动物就不会伤害我们了。"

"这实在太荒谬了！

难道人类不知道鸟类也吃死昆虫吗？"

将军越听越生气。

其他昆虫也纷纷讲述起自己的经历。

听着老年大头黑步甲讲述被人类抓去做实验的经历，
大家全都吓得说不出话来。
"那时，每次从半空中摔落的时候，
我都会昏死过去，
大约要半小时才能苏醒过来，
到了最后，我已经筋疲力尽了！
还不只是这样，人类还把昏迷不醒的我
从室内移到了户外，
甚至让苍蝇来骚扰我，
还让陌生的天牛踩我的肚子，
我受尽了折磨。
因为吃了很多苦，我才会变得如此苍老！"

将军听了老年大头黑步甲的话，

仿佛自己遭受了虐待似的愤怒不已。

"像我们这样勇猛的步甲，怎么可能装死呢？

只有象鼻虫那样的胆小鬼，才会做这种事！"

接着，吉丁虫讲了一件更可怕的事。

"我还闻过一种叫乙醚的麻醉剂呢!

我当场就晕了过去,就像被打昏了似的,

一小时后才醒过来。

现在回想起来,那真是可怕的经历。

对了,当时蜣螂也在场。

蜣螂,你还记得吗?"

蜣螂歪着头说:

"啊……原来瓶子里装的是麻醉剂啊!

我只记得从一个奇怪的玻璃瓶中出来以后,

我确实觉得有些头晕,

但是当时没有想太多。"

其他体形较小的昆虫也鼓起勇气说：

"虽然我们也有过类似的经历，

但是我们昏迷的时间并没有那么长。

我们被麻醉后，

最多几分钟就会苏醒，

一般几秒钟就可以醒过来，

可能是因为我们体形比较小吧。"

大家你一言我一语地再次喧闹起来，

只有光滑蝼步甲静静地站在角落里一言不发。

小绿花金龟戳了一下光滑蝼步甲：

"你也说说你的经历吧！"

光滑蝼步甲有些难为情地说：

"我从来都没有过这种奇怪的经历，

我不知道将军为什么让我来参加这个讨论会。"

听到光滑蝼步甲的话，

大家全都吃了一惊。

"难道你受到任何刺激，都不会晕倒吗？"

"是的！"

光滑蝼步甲胆怯地小声回答道。

小绿花金龟自言自语地说：

"这真是奇怪！

你只是体形比较小，

但长得和将军非常像啊！"

将军也喃喃地说：

"我也是这么想的，所以才叫你来的！"

昆虫们似乎开始慢慢了解"装死"的真相了。

老年大头黑步甲首先开口道：

"所以，并非所有昆虫都有装死行为，

而且，这和体形大小好像也没什么关系！

最重要的是，

这种行为并不是为了欺骗谁而做出来的。"

老年大头黑步甲若有所思地继续说道：

"如果真是为了欺骗而装死，

那么，耍这种小伎俩的

就不应该是既强壮又善于打架的将军，

而应该是光滑蝼步甲，

你们说对不对呀？"

这时，吉丁虫又忍不住插了进来：

"还有，'装死'的表现

其实和以前我被麻醉的表现很像，是不是呀？

只是体形小的昆虫昏迷的时间较短，

而体形大的昆虫昏迷的时间较长。"

将军点了点头，表示同意吉丁虫的看法。

"所以，我们是被冤枉的！"

"说的也是！我们是连撒谎都不会的昆虫，
竟然被人类说会装死，实在太过分了！"

吉丁虫不满地嘟囔着。

老年大头黑步甲接着说道：

"人类似乎认为我们比较脆弱，

也许是因为我们的个性比较软弱吧！"

这句话让将军很不高兴。

"我个性才不软弱呢！"

将军非常不同意"个性软弱"这种说法，

他认为像他这样强悍的昆虫，

根本和"软弱"扯不上关系。

这时，火鸡和蝎子从远处气喘吁吁地跑了过来，

吓得在场的昆虫们都准备逃跑，

只有将军毫不畏惧：

"你们是谁呀？为什么跑到这里来打扰我们？"

好一派将军风采！

蝎子说："我们是听到消息赶过来的。

听说你们受了很大的委屈，

我跟你们一样，甚至更委屈！"

尽管蝎子一脸诚恳，

可在场的昆虫们仍然感到非常害怕，

有些昆虫甚至想偷偷溜走。

蝎子赶忙解释道：

"别担心！

今天我绝对不会伤害你们，我保证！"

接着，火鸡摇晃着脖子上的赘肉说道：

"我也一样。有一些很调皮的人类小孩，

常常把我们鸟类的脖子扭过去，

使劲塞到我们的翅膀下面。

"每当这时，我们都会当场晕厥。
听说鹅和鸡也有同样的反应。
不过，像鸽子那样的小鸟，
晕倒的时间应该比我们短一些。"
将军疑惑地问火鸡：
"脖子怎么能拧到翅膀下面呢？
我不明白！"

火鸡有些不耐烦地模仿起当时的情形：

"就是这样……先这样……再这样……"

大家看到火鸡的样子，忍不住哈哈大笑起来，

可将军却一脸严肃，不见一丝笑容。

于是，在场的昆虫们全都停止了笑声。

将军想了一会儿，开口说道：

"所以，我从鸟嘴掉落到地面，昏迷一个多小时，

吉丁虫闻到麻醉剂后昏迷不醒，

以及火鸡被小孩子欺负而昏倒在地，

其实都是同样的情况！"

老年大头黑步甲连忙点头说：

"对呀！就连苏醒的过程也差不多。

我们这些昆虫都是先从跗节，

也就是身体的远端开始恢复知觉。

接着，我们嘴巴旁边的触须慢慢抖动，

然后，触角也动了起来。"

接下来，蝎子讲了一件更可怕的事：

"不知道为什么，

人类居然以为我们蝎子在遇到危险时

会用毒针刺伤自己。

当然，我们的确随身携带含有剧毒的毒针，

瞧，就在这里。"

蝎子卷起了自己的尾巴，

朝大家挥了挥。

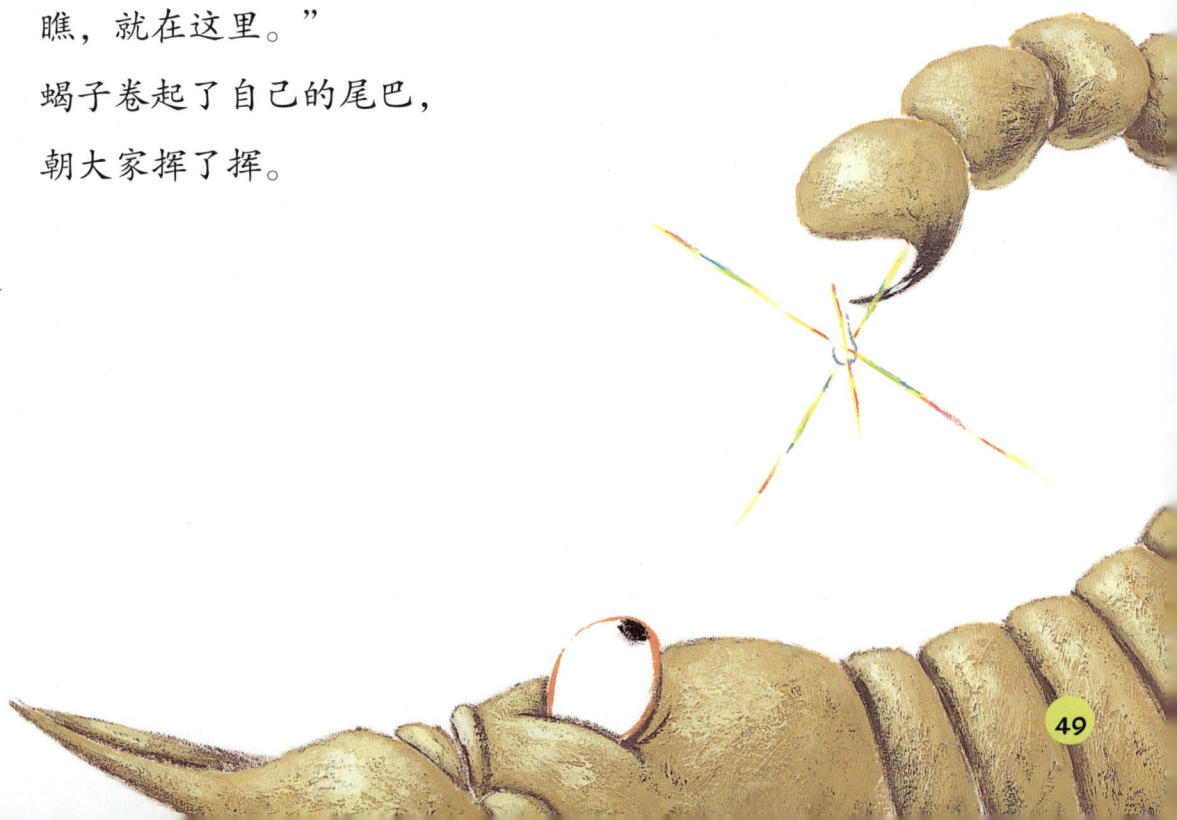

蝎子的毒针看着就很恐怖，
大家纷纷转过头去，不敢正视。
"人类为了研究我们的这种行为，
竟然把我们扔进熊熊烈火中！"
"真是太可怜了……"
不知是谁叹了口气，
自言自语地说道。

蝎子摇了摇头，继续说：

"那真的太可怕了！

我虽然穿着厚厚的盔甲，

但仍然感觉得到烈火那难以忍受的高温。

我拼命蜷缩着身体，试图躲避火焰，

然而，火势越来越猛，

我最终昏了过去。"

老年大头黑步甲怜悯地看着蝎子说：

"那么，后来你是怎么活下来的呢？"

"也不知道是谁把我从火里救了出来，

我醒来的时候已经躺在别的地方了。

如果没有被救出，

我可能早就被活活烧死了！"

将军听完蝎子的话，愤怒地说：

"我们绝对不能继续忍耐下去了！

大家一起到人类的住处，

把我们的冤情告诉他们吧！

如果他们还是不相信，

那我们就给他们点儿颜色看看！"

"好啊！好啊！"

"就这么做吧！"

聚集在海边的昆虫们和火鸡、蝎子，

决定一起前往人类的住处澄清冤情。

他们前进的方式各式各样，

有的在爬，有的在跑，

有的迈着碎步快走，有的展翅飞翔……

总而言之，大家都冲向了人类的住处，

他们一边前进一边大声唱着歌。

我们不知道什么是死亡，
所以不会装死！
不管遭受什么样的虐待，
我们始终是勇敢的动物，
绝对不会为了躲避危险而装死！

别说我们是因为不会飞或跑不快
才想出了装死的伎俩！
我们根本不知道什么是死亡，
所以不会装死！

殡葬师——覆葬甲

在法布尔生活的那个年代，

人们认为鼹鼠是破坏农作物的动物，

所以被农夫打死后

丢弃在田埂旁的鼹鼠尸体随处可见。

一看到鼹鼠的尸体，

总有一群昆虫兴高采烈地蜂拥而上，

它们就是昆虫界的"殡葬师"。

法布尔对这些昆虫殡葬师产生了好奇，

他想了解这些身体娇小、口味独特的昆虫，

想知道它们是怎样处理那些"庞然大物"的。

因此，法布尔拜托住在隔壁的农夫

将鼹鼠或田鼠的尸体送给他。

虽然农夫觉得法布尔是个很奇怪的人，

但他还是给法布尔找来了很多动物尸体。

对农夫来说，

处理鼹鼠或田鼠的尸体是非常头疼的事情，

没想到居然有人想要收集这些动物的尸体。

因为腐烂的动物尸体散发着让人难以忍受的恶臭，

法布尔的家人为此大发雷霆。

当然，法布尔也非常讨厌腐尸的气味，

但是，他实在抑制不住自己强烈的好奇心。

经过多次实验，

法布尔从许多种类的昆虫殡葬师中

选择了有着鲜艳斑纹的覆葬甲开始研究。

59

腐尸的"香味"

覆葬甲阿清闻到了一股随风飘来的"香气"，

他马上立起身体，寻找气味的来源。

"咦，这股气味到底是从哪儿传来的呢？

好像是从对面农夫家的仓库附近传来的！"

那美妙的气味令阿清十分陶醉，
他循着气味很快来到了仓库旁。
原来那里有一只毛茸茸的死田鼠，
在田鼠的尸体周围，
已经聚集了不少昆虫殡葬师。

勤劳的蚂蚁是第一个到的，

"蛆妈妈"苍蝇紧随其后，

身上有暗灰色斑纹的火腿皮蠹

是第三名，

看来，住在这附近的昆虫殡葬师都到齐了。

阿清身上散发着淡淡的麝香味，

他慢条斯理地说："啧啧！这个倒霉的家伙，

一定是跑去偷农夫叔叔的粮食了！"

虽然阿清比其他昆虫晚来了一步，
但看他穿着黑色丧服、一脸严肃的样子，
谁也不敢不让他加入。
之后又来了3只覆葬甲，
一只雌的和两只雄的。
阿清一下就喜欢上了那只雌覆葬甲小洁，
这就是一见钟情啊！

请看看我吧！
你见过像我这样帅气的覆葬甲吗？

请看看我的触角吧，
它们的顶端圆圆的！

再看看我有力的足吧！
它们既能挖又能撕，
什么样的尸体都可以处理！

请你靠近我吧！
请你……嫁给我吧！

阿清正一边微笑一边陶醉地唱着歌，
突然，他发现周围的昆虫都不见了，
就连小洁和另外两只雄覆葬甲也不见了踪影，
原来他们都爬到田鼠的尸体下面去了。
由于覆葬甲身体娇小，
搬不动又重又大的田鼠尸体，
因此，他们会在田鼠尸体的下方挖洞，
直接在那里盖房子。

“我在干什么呢？真是糊涂！”

阿清觉得有些难为情，

连忙钻到田鼠的尸体下面。

虽然覆葬甲彼此之间并不认识，

但是他们配合默契，

很快就挖开了地面，

其中工作最认真的还数阿清。

因为阿清心里想着，

如果自己跟小洁结婚，

这只死田鼠就会成为自己孩子的宝贵食物。

正在这时，只听小洁说道：

"希望下面的土壤能松软一些，

如果地下有树根或很多小石头，

那就麻烦了！对吧？"

听见小洁的问话，

阿清一脸得意地正准备回答，

没想到旁边的雄覆葬甲阿宽突然插嘴：

"别担心，有我呢！

我有强悍的足和坚硬的盔甲，

无论遇到什么困难我都能解决，

这只田鼠将完全属于我们！"

阿清在一旁已经气得说不出话来了，

更让他生气的是，

小洁居然对阿宽的话表示赞同。

小洁带着甜甜的笑容对阿宽说：

"嗯！你的盔甲看起来真是又宽又坚硬！"

阿清忍不住在一旁嘲讽道：

"哼！身为覆葬甲，

这是最起码的嘛！

有什么了不起的！"

阿清和阿宽你一句我一句地吵了起来，

但他们谁也没有放松手上的工作，

因为，不抓紧时间的话，

田鼠很快就会风干，变得又干又硬，

到时候大家谁都别想吃了。

4只覆葬甲不停地在田鼠尸体的下方挖洞，

只见他们一边用坚硬的背部撑着田鼠的尸体，

一边用足努力地挖着，

那样子就像一只活田鼠在地上慢慢蠕动。

不知不觉中，田鼠尸体周围堆满了泥土，
像一座小城墙。
洞挖到一定程度的时候，
覆葬甲们翻转身体，仰卧在地上，
用自己的足尖紧紧抓住田鼠身上的毛，
用力将田鼠的尸体往洞里拉。
他们就这样挖一会儿，拉一会儿，
忙得不可开交。

田鼠的尸体就像没入水中的船，

慢慢地沉到了地下。

可是，不知道从什么时候开始，

不管覆葬甲们怎样用力挖、用力拉，

田鼠尸体都纹丝不动，不再继续向下沉。

"嗯！一定是出了什么问题！

我出去查看一下！"

阿清最先跑到了外面。

阿宽唯恐输给阿清，

也急忙跟着跑到了外面。

阿清和阿宽仔细翻看了田鼠身上的毛，

又认真看了看附近的地面，

但没有发现任何异常。

于是，他们俩又像赛跑一样，

争先恐后地跑回田鼠尸体的下方，

抢着大声喊了起来：

"继续挖吧！没什么异常！"

"没问题！继续吧！"

大家又卖力地干了起来，

有的趴着不停地挖洞，

有的躺着用力拉田鼠的尸体，

但田鼠的尸体仍然纹丝不动。

"咦？真奇怪！

我们已经挖了这么久，

竟然连田鼠尸体的一半都没有埋好？"

这时，一直沉默的那只雄覆葬甲站了出来，

他叫阿亮。

他四处查看了一番，尤其是那些角落，

然后，非常肯定地说道：

"地下好像有什么东西挡住了田鼠的尸体，

使尸体不能继续下沉，

应该是野草的根吧！

我们必须先除去障碍才行！"

阿亮的话一点儿没错。

因为阿清和阿宽都太想表现自己，

所以他们根本没有注意到这个细节：

地下确实有许多野草根互相缠绕在一起。

大家很快就把那些野草根清除掉了，

之后的挖掘工作非常顺利。

田鼠的尸体逐渐沉到了地下，
而覆葬甲们推出来的泥土
像厚厚的棉被一样盖住了整个田鼠尸体。
原本田鼠尸体躺着的地面上，
出现了一个微微隆起的小土堆。
埋葬完田鼠的尸体后，
阿清和阿宽一声不响地离开了那里。

因为他们知道，小洁已经喜欢上了阿亮，
那个地方将成为小洁和阿亮的家。
为了埋葬田鼠尸体，
阿清连续工作了 6 个小时。
而且，在这 6 个小时里，
他只喝了一点儿从田鼠尸体中渗出来的肉汤，
因此，他早已累得筋疲力尽。

最棒的爸爸

从那以后，阿清又做了好几次同样的事情——

他虽然拼命地帮忙挖洞来埋葬动物的尸体，

最后却两手空空地离开了。

或许你会觉得奇怪，

明明知道只是徒劳一场，为什么还要做呢？

因为一旦闻到动物尸体腐烂的气味，

阿清就会不由自主地被那气味吸引，

任劳任怨地进行埋葬工作。

腐烂的动物尸体含有一种叫"尸碱"的毒素，

对人类或其他动物而言，

这种毒素是非常危险的，

但对昆虫殡葬师来说，

这种毒素却是很好的营养品。

阿清今天也像往常一样
循着尸体的腐臭味前进，
在路上，他遇见了一只非常漂亮的雌覆葬甲，
她叫小晶。
小晶主动和阿清搭话：
"闻起来好像死了有一天了，是不是呀？"
"嗯，我们得抓紧时间了！
要不然宝贵的食物很快就会干枯。"
阿清和小晶匆匆忙忙地循着气味前进。
"在这里！"
"哇！好大呀！"
那是一只已经死去的鼹鼠，
他可能是被农夫用锄头打死后
丢弃在路旁的草丛里的。

鼹鼠的尸体旁边已经聚集了很多昆虫，
像往常一样，有蚂蚁、苍蝇等。
阿清和小晶急忙钻到鼹鼠尸体下面，
他们这才发现，那里除了他们之外，
已经有 4 只覆葬甲在忙碌地工作了。

大家来举行葬礼吧！
严肃又庄重的葬礼。

大家来举行葬礼吧！
干净又简短的葬礼。

大家来举行葬礼吧！
为了我们的下一代！

阿清默默地做着自己该做的事，
他一会儿用背撑着鼹鼠的尸体挖洞，
一会儿又抓着鼹鼠的毛往洞里拖。
就这样，大家连续干了好几个小时，
但是，这只鼹鼠实在太大了，
即使是 6 只能干的覆葬甲齐心协力，
埋葬工作仍然进展得很慢。

不知从什么时候开始，

鼹鼠的尸体不再向下沉，

阿清觉得可能遇到了和上次一样的麻烦。

这时，一只覆葬甲爬了出去：

"我去看一下是怎么回事！"

但是，大家等了很久，
那只外出查看的覆葬甲仍然没有回来。
接着出去查看的第二只覆葬甲也一去不复返。
阿清也忍不住跑出去查看。
他从鼹鼠尸体的周围开始仔细检查，
又爬到鼹鼠背上，
最后爬到鼹鼠的后足。

原来，鼹鼠后足被树枝牢牢地缠住了。

阿清毫不犹豫地钻到树枝和鼹鼠的后足之间，

开始竭尽全力摇晃鼹鼠的后足。

但是，鼹鼠的后足只是稍微动了动。

看来，这样做无济于事。

其实，阿清完全可以叫刚刚出来的那两只覆葬甲来帮忙，

但他没有这么做。

他开始大口大口地咬树枝。

他那坚硬的大颚就像一把剪刀，

咔嚓咔嚓地剪着树枝。

终于，树枝渐渐松脱了，

再用力咬一口就大功告成了。

阿清用尽最后的力气，

只听"咔！"的一声，他咬断了那根树枝。

正在这时，那两只覆葬甲东张西望地爬了过来。

鼹鼠的后足终于从缠绕着的树枝中摆脱出来，

掉落在地面上，顿时尘土飞扬，

阿清和那两只覆葬甲也跟着摔倒在地。

不过，这根本吓不倒勇敢的覆葬甲，

他们迅速爬了起来，回到鼹鼠尸体下面。

小晶甜甜地笑着对阿清说：

"真是辛苦你了！

现在我们大家一起努力，一定不会有问题了！"

阿清也微笑着对小晶说：

"这没什么了不起的！

之前我还埋葬过被吊在草绳上的田鼠，

还埋葬过全身被粗绳牢牢绑住的鼹鼠！"

阿清停顿了一下，接着说道：

其中最难的一次，

是埋葬一只前后足都被铁丝缠住的田鼠的尸体，

我干脆一口一口地咬田鼠的足，

直到足逐渐变细，能从铁丝里拔出来为止。"

阿清和小晶越来越亲密了。

虽然还剩下一大半的活儿，

不过，从现在开始，

只要努力工作就不会再有什么麻烦了。

阿清他们一刻不停地忙碌着，

一会儿趴着挖洞，一会儿躺着拉尸体，

有条不紊地进行着埋葬工作。

覆葬甲是勤劳而尽责的昆虫，

不管遇到什么困难，他们都会坚持把事情做好。

庞大的鼹鼠尸体终于被埋到地下了，

阿清高兴地向大家宣布：

"现在，这里是我和小晶的家了！"

小晶也使劲点着头。

看到这情景，

其他覆葬甲从地底下爬出去各自散开了。

阿清和小晶成了夫妻，

他们在吃了一些鼹鼠肉之后，

又开始继续工作。

接下来要为即将到来的宝宝盖儿童房，

这是一项充满了爱心的大工程。

看着阿清努力工作的样子，

小晶获得了前所未有的安全感。

"听说在很多昆虫家庭中，

爸爸从来都不为自己的宝宝操心！"

"嗯，我也听说过。

但是，不可以这么不负责任吧？

宝宝是我们夫妻俩共同的呀！"

"阿清，你真是个好爸爸！"

听到小晶的称赞，阿清心里美滋滋的，

他更加卖力地干起活来。

阿清和小晶一起整理儿童房，

又一起为宝宝准备食物。

他们把鼹鼠肉制成适合宝宝食用的美味，

然后储存到儿童房的仓库里。

小晶兴奋地大喊：

"我们准备了这么多的食物，

应该足够宝宝们吃了吧！"

阿清也心满意足地说：

"那当然了！"

完成他们的大工程之后，

阿清和小晶开始讨论将来的事情。

阿清说：

"我们已经完成了父母应尽的责任，

我打算离开这里了。"

小晶说：

"我想留在这里，

因为我已经厌倦了到处流浪的生活，

不想再从事殡葬师的工作了。"

"那好吧！你要好好保重身体呀！"

阿清说完就起身离开了，

小晶依依不舍地挥着手说：

"阿清，再见了！路上小心啊！"

生命的尽头

两个星期后，

阿清和小晶的 15 个宝宝长大了，

他们每天都高兴地吃着爸爸妈妈准备的鼹鼠大餐。

虽然他们的眼睛还没法看清东西，

身体也还是柔和的乳白色，

但他们的大颚几乎和爸爸妈妈的一模一样，

又黑又坚硬，犹如一把锋利的剪刀。

他们不停地挪动着短短的足，

在房间里爬来爬去。

房间的一角静静地躺着疲惫的小晶，

她就这样守护着自己的宝宝。

自从和阿清分开后，

小晶原本健康而闪亮的身体

变得既衰弱又黯淡。

再加上寄生在她身上的蚜虫不停地骚扰她，

更是让她痛苦万分。

"只要我的宝宝能健康成长，

我就心满意足了。

唉，只是不知道他们的爸爸现在过得好不好。"

阿清的生活并不比小晶好，

和小晶分开后，

阿清一直过着流浪的生活。

而且，阿清越来越不想工作了。

"我已经做完了我该做的事，

婚也结过了，孩子也生了，

现在，我该舒舒服服地过日子了，

我不想再做殡葬师了。

嗯，就这样吧！"

此后，阿清的身体一天比一天衰弱，

性格也变得孤僻、粗暴。

遇到自己的同类时，

阿清总会莫名其妙地感到烦闷，

总有向对方挑衅的冲动。

就这样，打了几次架之后，

阿清的身上伤痕累累。

不久后，不知从哪里来的蚜虫

爬满了阿清的身体，

阿清感觉自己的身体一天不如一天。

有一天，当阿清从休息的洞里爬出来时，

突然有一只陌生的覆葬甲挡住了他的去路。

那只覆葬甲气势汹汹地扑了过来，

阿清也不甘示弱，立刻展开攻势。

只见两只覆葬甲都使出了全身的力气，

又咬又拉又推地扭打在一起。

6月的太阳温暖地照着大地。

看到此番情景，太阳公公无奈地摇摇头说：

"真是一群愚蠢的覆葬甲，

他们曾经是互相合作的好伙伴，

到了最后却无缘无故地打起架来！

唉，真可惜！"

阿清的足已经被那只覆葬甲咬断了，

他跌跌撞撞地站起来，

打算使出最后一丝力气攻击对方，

但终究没能站稳，重重地摔倒在地。

"我想，我的孩子一定会健康成长的！

唉，不知道小晶现在怎么样了……"

阿清的生命就此结束了。

很快，一群蚂蚁围住了阿清的尸体。

就像以前阿清做的工作一样，
蚂蚁是为了埋葬阿清的尸体而来的。
之后，火腿皮蠹也赶来了，
他们都像以前处理其他动物的尸体那样，
开始处理阿清的尸体。
这就是覆葬甲阿清的一生。

我的昆虫观察笔记

请用文字或图画记录你的所见所感。

깔끔한 청소부 송장벌레 by Kyung-Sook Cho (author) & Sung-young Kim (illustrator)
Copyright © 2003 Bluebird Child Co.
Translation rights arranged by Bluebird Child Co.through Shinwon Agency Co.in Korea
Simplified Chinese edition copyright © 2025 by Beijing Science and Technology Publishing Co., Ltd.

著作权合同登记号　图字：01-2005-3604

图书在版编目 (CIP) 数据

法布尔昆虫记. 装死专家步甲与殡葬师覆葬甲 /（韩）曹京淑编著 ;（韩）金成
荣绘 ; 李明淑译 . 一北京：北京科学技术出版社，2025.1
　ISBN 978-7-5714-2914-0

Ⅰ . ①法… Ⅱ . ①曹… ②金… ③李… Ⅲ . ①昆虫 – 儿童读物②鞘翅目 – 儿童
读物 Ⅳ . ① Q96-49 ② Q969.48-49

中国国家版本馆 CIP 数据核字 (2023) 第 031299 号

策划编辑：徐乙宁
责任编辑：付改兰
封面设计：包茨莹
图文制作：天露霖
出 版 人：曾庆宇
出版发行：北京科学技术出版社
社　　址：北京西直门南大街 16 号
邮政编码：100035
电　　话：0086-10-66135495（总编室）
　　　　　0086-10-66113227（发行部）
网　　址：www.bkydw.cn
印　　刷：保定华升印刷有限公司
开　　本：787 mm × 1092 mm　1/16
字　　数：88 千字
印　　张：7
版　　次：2025 年 1 月第 1 版
印　　次：2025 年 1 月第 1 次印刷
ISBN 978-7-5714-2914-0

定　　价：299.00 元（全 10 册）